创意美甲素材400例

白糖工坊 编著

人民邮电出版社
北京

图书在版编目（CIP）数据

令人心动的美甲 ： 创意美甲素材400例 / 白糖工坊编著. -- 北京 ： 人民邮电出版社，2024. 8. -- ISBN 978-7-115-64582-1

Ⅰ. TS974.15

中国国家版本馆CIP数据核字第2024AE0267号

内 容 提 要

喜欢美甲的你，是否还在为如何配色、如何挑选合适的图案、如何找到最流行的美甲款式而烦恼呢？这本书将带你走进多姿多彩的美甲世界，为你展现丰富的美甲款式，让你快速拥有指尖上的美丽！

本书以当下流行的美甲款式为主题，收录了数百例美甲图案，分为6个主题展示，分别为:四季经典款式、日常通勤款式、法式精致款式、超显手白款式、新中式风款式和中性酷感款式。每一种美甲款式都精致美观、别出心裁，具有极强的参考性。

本书适合专业的美甲师、美甲爱好者参考学习。

◆ 编　　著　白糖工坊
　责任编辑　闫　妍
　责任印制　周昇亮

◆ 人民邮电出版社出版发行　　北京市丰台区成寿寺路11号
　邮编　100164　　电子邮件　315@ptpress.com.cn
　网址　https://www.ptpress.com.cn
　北京九天鸿程印刷有限责任公司印刷

◆ 开本：880×1230　1/32
　印张：3.75　　2024年8月第1版
　字数：108千字　　2024年8月北京第1次印刷

定价：29.90元

读者服务热线：(010)81055296　印装质量热线：(010)81055316
反盗版热线：(010)81055315
广告经营许可证：京东市监广登字20170147号

目录

第 1 章 四季经典款式

1.1 春日限定款

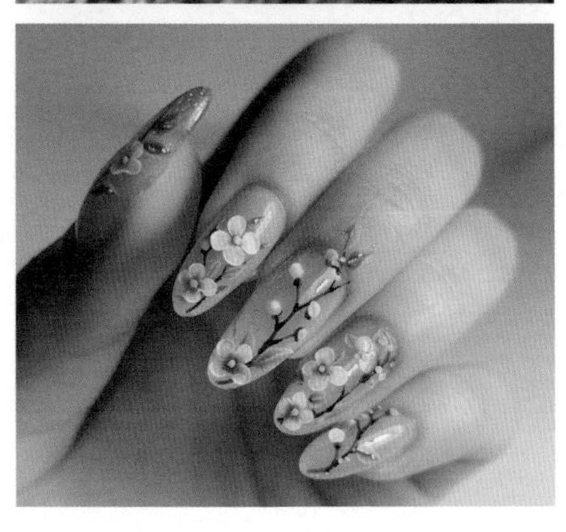

1.2 夏日限定款

1.3 秋日限定款

1.4 冬日限定款

1.5 四季经典甲片集锦

第 2 章 日常通勤款式

2.1 绚丽多彩款

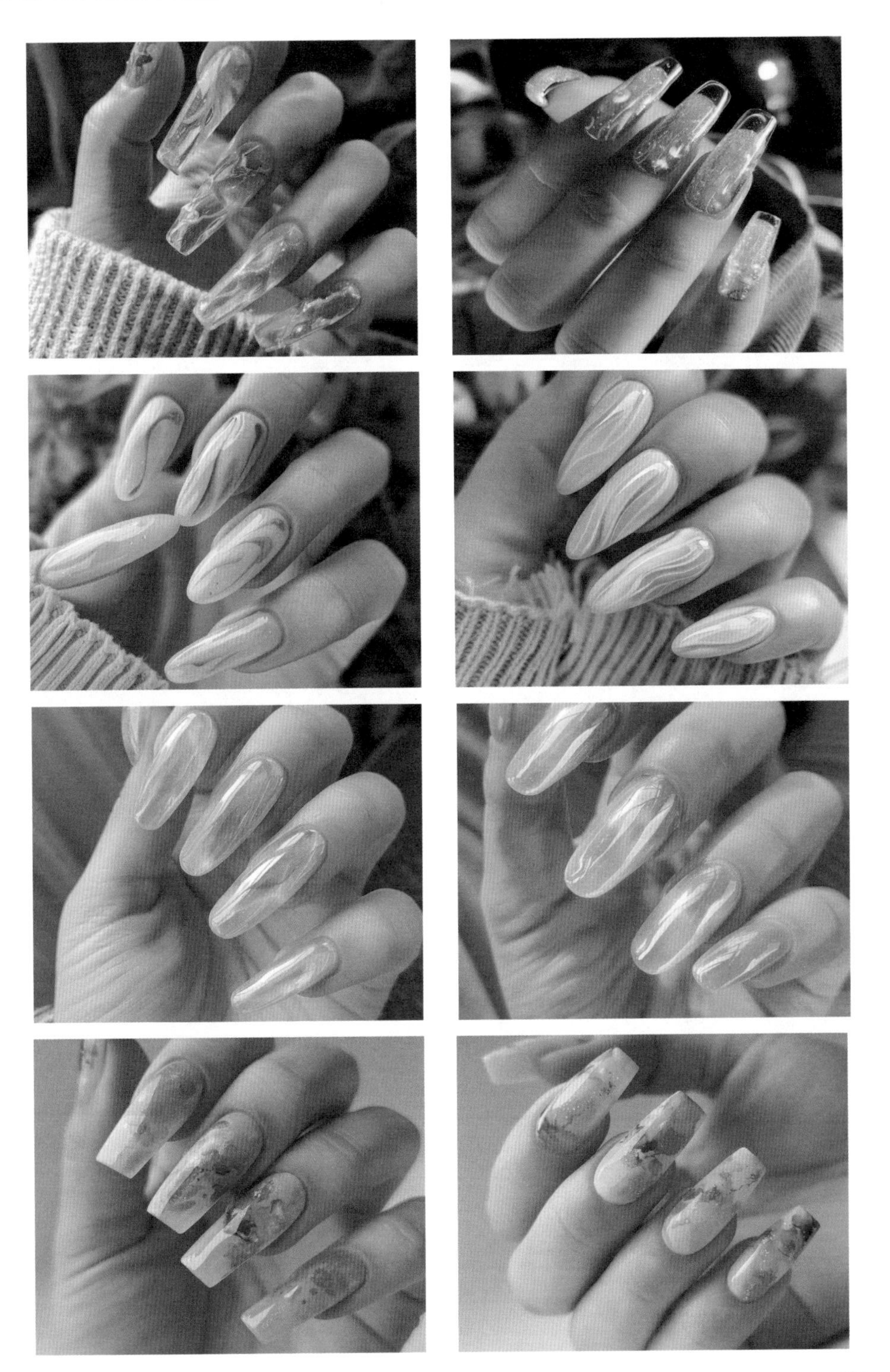

2.2 抽象涂鸦风

2.3 温柔甜美风

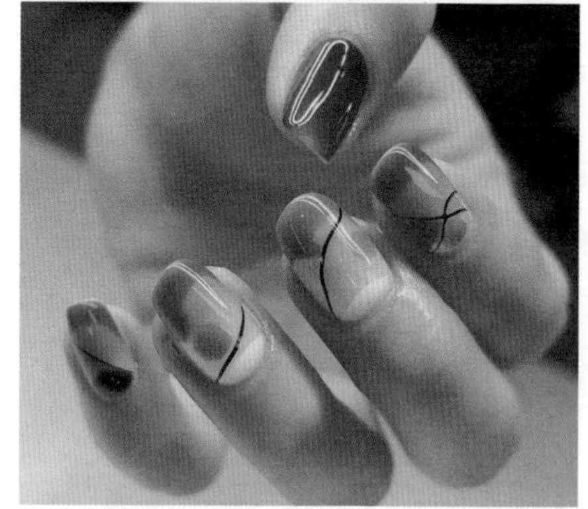

2.4 瑰丽色彩风

2.5 日常通勤甲片集锦

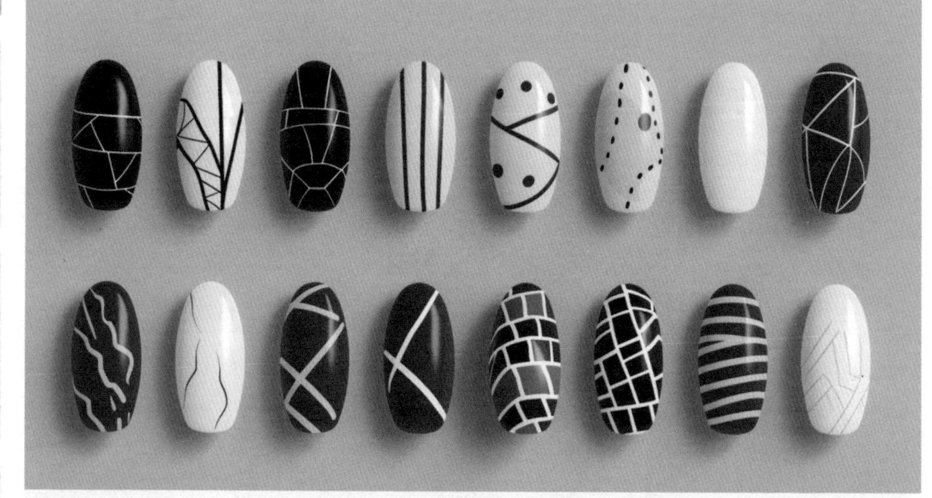

第 3 章 法式精致款式

3.1 高贵淡雅风

3.2 黑色浪漫风

3.3 精致迷人风

3.4 富贵奢华风

3.5 法式精致甲片集锦

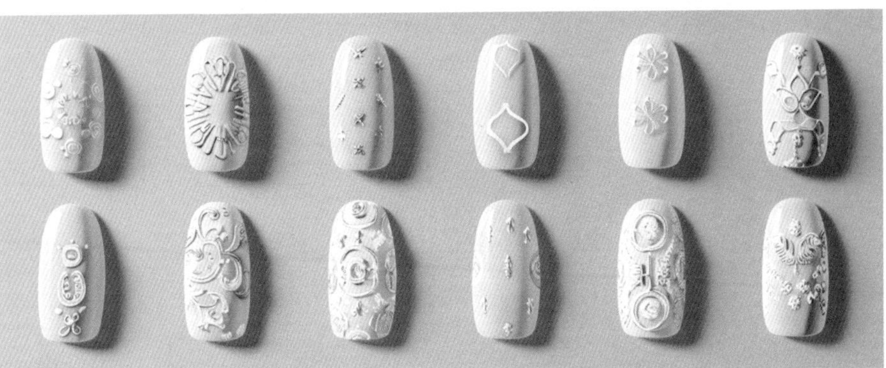

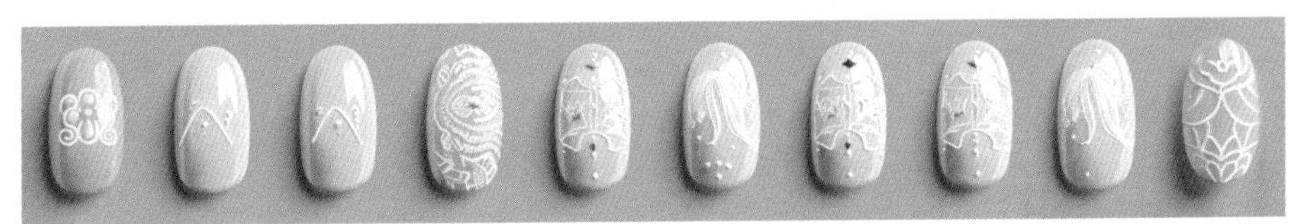

4.1 高端复古风

4.2 简约显白风

4.3 小城故事风

4.4 深蓝海洋风

4.5 超显手白甲片集锦

第 5 章 新中式风款式

5.1 华丽中国风

5.2 文人君子风

5.3 繁花似锦风

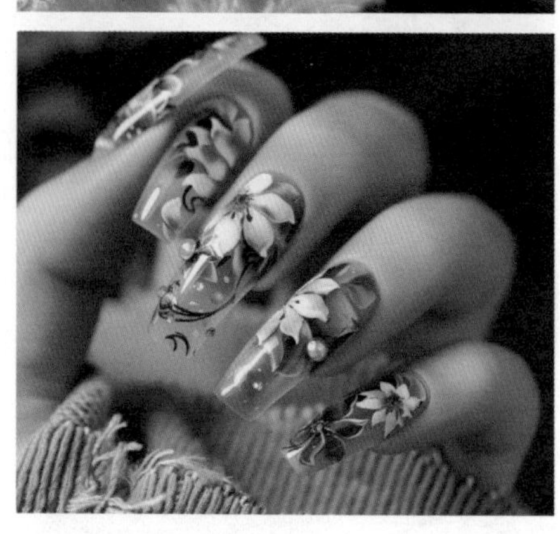

5.4 淡雅情趣风

5.5 新中式风甲片集锦

第 6 章 中性酷感款式

 黑白配色风

6.2 浩瀚银河风

6.3 高级金银风

6.4 简约色调风

6.5 中性酷感甲片集锦